**Bibliografische Information der Deutschen Nationalbibliothek:**

Die Deutsche Bibliothek verzeichnet diese Publikation in der Deutschen National-
bibliografie; detaillierte bibliografische Daten sind im Internet über http://dnb.d-
nb.de/ abrufbar.



**Impressum:**

Copyright © 2016 GRIN Verlag, Open Publishing GmbH
Druck und Bindung: Books on Demand GmbH, Norderstedt Germany
ISBN: 9783668312777

**Dieses Buch bei GRIN:**

http://www.grin.com/de/e-book/341335/wo-lag-die-burg-gvozdec

**Bernd Hofmann**

# Wo lag die Burg Gvozdec?

## Eine Neubewertung der mittelalterlichen Befestigungen von Nieder- und Oberwartha aus historischer, linguistischer, fortifikalischer und verkehrs-logistischer Sicht

GRIN Verlag

# Wo lag die Burg Gvozdec?

Eine Neubewertung der mittelalterlichen Befestigungen von Nieder- und Oberwartha aus historischer, linguistischer, fortifikalischer und verkehrslogistischer Sicht

**INHALT:**

1. Bisherige Ergebnisse archäologischer Forschungen
2. Die Befestigungsanlagen in Nieder- und Oberwartha in der historischen Überlieferung
   - Die Rolle des Böhmenkönigs Vratislav I. im Zeitraum 1087-1088 und seines Sohnes Vladislav im Jahre 1123 in Nieder- und Oberwartha
   - König Vratislav I. baut 1087 die Burg Gvozdec wieder auf
3. Wo lagen die 1087 wieder aufgebaute und die 1088 verlegte Burg Gvozdec?
4. Gab es eine Burg in Oberwartha?
5. Die feindlichen Heerlager der Herzöge Vladislav und Lothar im Jahre 1123
6. Zur Bedeutung des Burgnamens Gvozdec
7. Furt und Fähre in Niederwartha
8. Die Brüder Heinrich und Tymo von Wartha im Zeitraum 1205-1228, ihre mögliche Herkunft und Beziehung zu den Burganlagen "Böhmerwall" und "Heiliger Hain"
9. Resümee: Vorschläge zur neuen Zuordnung der Nieder- und Oberwarthaer Burgen

Dresden, den 20.09.2016

# Wo lag die Burg Gvozdec?

Eine Neubewertung der mittelalterlichen Befestigungen von Nieder- und Oberwartha aus historischer, linguistischer, fortifikalischer und verkehrslogistischer Sicht [1]

von Bernd Hofmann, Dresden

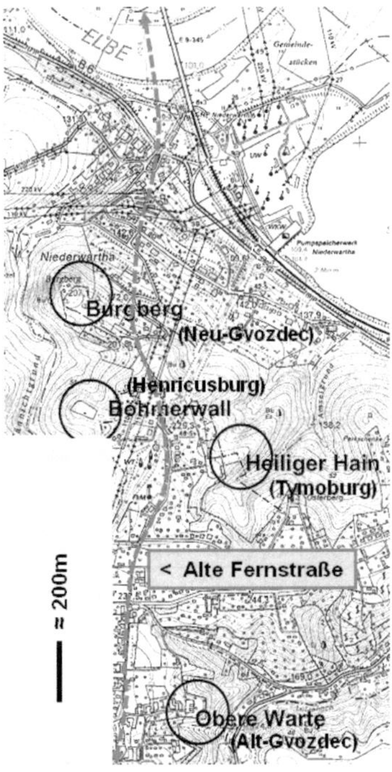


Abb. 1:
Ungefähre Lage der vier Burganlagen im Gebiet Nieder- und Oberwartha an einer hypothetischen alten Fernstraße von Polen(?) über Grillenburg nach Böhmen
(Kartenbasis: © Landesamt für Archäologie Sachsen, Kartenzeichnung: B. Hofmann, 2015)

Der Heimat- und besonders der Burgenforscher ist seit langem von der rätselhaft scheinenden Anhäufung künstlicher Hügel in Verbindung mit alten Wällen und Gräben besonders im Gemeindegebiet von Nieder- und Oberwartha[2] beeindruckt. Dank einiger historischer und zaghafter archäologischer Forschungen wurden diese als Befestigungsanlagen identifiziert, die mit den neuzeitlichen Flurnamen "Niederwarthaer Burgberg", "Böhmerwall", "Heiliger Hain" und "Obere Warte" verbunden sind (Abb. 1). Im folgenden sollen diese Anlagen nach historischen, fortifikalischen, linguistischen und verkehrslogistischen Gesichtspunkten analysiert und neu bewertet werden.

---

[1] Hinweis zum Urheberrecht: Jede Verwertung der Abbildungen 1, 2 und 3 ist ohne schriftliche Zustimmung des Landesamtes für Archäologie Sachsen unzulässig. Das gilt insbesondere für Vervielfältigung, Reproduzierung, Archivierung sowie die Einspeicherung und Verarbeitung in elektronischen Systemen
[2] Gelegen am linken Ufer der Elbe zwischen Dresden und Meißen, 1997 nach Dresden eingemeindet

# 1. Bisherige Ergebnisse archäologischer Forschungen[3]

Die genannten Befestigungsanlagen sind derzeit nicht durch Grabungen aufgeschlossen, wenngleich vor allem der Niederwarthaer Burgberg (Abb. 2) große Mengen an Oberflächenfunden lieferte. Dank dieser Funde lässt sich zumindest der Belegungszeitraum der Anlagen eingrenzen: Der Niederwarthaer Burgberg, der in seiner Anlage dem allerdings wesentlich größeren Burgberg "Heidenschanze" in Dresden-Coschütz ähnelt, erlebte wohl im 11. Jahrhundert seine Blütezeit, dagegen Böhmerwall und Heiliger Hain möglicherweise im späten 12. und frühen 13. Jahrhundert. Unklar ist die Situation in Oberwartha, weil archäologische Relikte infolge intensiver späterer Überbauungen dort nur schwer nachweisbar und zuzuordnen sind.

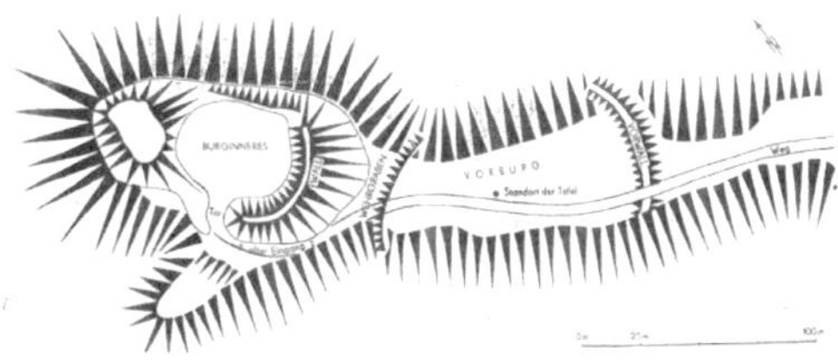

Abb. 2:

Plan der Anlagen des Burgberges Niederwartha auf einer Infotafel in der Vorburg
(nach R. SPEHR, um 1985 © Landesamt für Archäologie Sachsen, Foto: B. Hofmann, 2007)

Wie neuere archäologische Untersuchungen im Umfeld der Nieder- und Oberwarthaer Befestigungsanlagen zeigten, lagen diese nicht, wie manchmal vermutet, im Niemandsland. So kamen bereits 2012 am Rande des Oberwarthaer Ortskerns typische slawische Keramik des 10.–12. Jahrhunderts sowie Holzkohle, gebrannter Lehm und Steine von lokalem Syenit ans Tageslicht. Vereinzelte Schlacken weisen sogar auf Metallverarbeitung hin. Im Jahre 2014 wurde in der Dorflage von Niederwartha eine offene hochmittelalterliche Siedlung dokumentiert.

Auf eine weitere kleine mittelalterliche Warte könnte der Flurname "Herrenkuppe" auf Cossebauder Flur hinweisen, der dem Aussichtspunkt mit dem heutigen Bismarckturm am sog. Gnomenstieg anhaftet. Solche Anlagen waren meist Beobachtungs- oder Signalposten größerer Burgen, kleiner als die sog. Turmhügelburgen[4] und oft nicht ständig besetzt bzw. bewohnt. Sie sind auch im oberen Elbtal mehrfach anzutreffen. Als Beispiele seien der "Kuhberg" und der "Stallberg" im Gemeindegebiet Rockau[5] (Schönfelder Hochland) sowie die Felsenwarten Rauschenstein und Wartturm im Elbsandsteingebirge angeführt. Zu vermuten ist, dass die "Herrenkuppe" ein Zubehör der Turmhügelburgen "Böhmerwall" und/oder "Heiliger Hain" war.

## 2. Die Befestigungsanlagen in Nieder- und Oberwartha in der historischen Überlieferung

Im Unterschied zu anderen Bereichen der Dresdener Elbtalweitung gibt es zur frühen Geschichte des heutigen Gemeindegebietes Nieder- und Oberwartha zwar ebenfalls nicht sehr viele, dafür aber außerordentlich aufschlussreiche urkundliche Hinweise. Diese be-

---

[3] Kinne, Andreas/Westphalen,Thomas: Oberwartha – Neues zu den slawischen Anfängen Dresdens; erscheint in: Ausgrabungen in Sachsen 5.

[4] Turmhügelburg (Motte): Burgtyp, dessen Hauptmerkmal ein künstlich angelegter Erdhügel mit einem meist turmförmigen, vorwiegend in Holzbauweise errichteten Gebäude ist, vgl. https://de.wikipedia.org/wiki/Motte_%28Burg%29, gelesen 20.06.2015.

[5] Werte unserer Heimat, Band 27: Dresdner Heide, Pillnitz, Radeberger Land. Akademie-Verlag, Berlin 1976, Suchpunkt Q8.

treffen im Wesentlichen die Zeiträume zwischen etwa 1087-1088 und 1205-1228 sowie das Jahr 1123, zwischen denen immerhin etwa 120 Jahre liegen.

- **Die Rolle des Böhmenkönigs Vratislav I. im Zeitraum 1087-1088 und seines Sohnes Vladislav im Jahre 1123 in Nieder- und Oberwartha**

Auf Grund der mit der Person des römisch-deutschen Königs und späteren Kaisers Heinrich IV. (1050-1106) verbundenen politischen Probleme wie Investiturstreit und Gang des Kaisers nach Canossa (1077) bildeten sich Interessengruppen heraus, die für bzw. gegen den Kaiser um die Vorherrschaft im Deutschen Reich agierten. Zu seinen Gegnern gehörte Markgraf Ekbert II. von Meißen, zu seinen Parteigängern zählten der böhmische Herzog Vratislav II.[6], Bischof Benno vom Meißen und Graf Wiprecht von Groitzsch (ca. 1050-1124). Dadurch kam es sogar zu Kämpfen zwischen Böhmen und der Mark Meißen. Für seine Verdienste um Heinrich IV. wurde Vratislav II. (ca. 1035-1092), der ab 1061 bereits Herzog von Böhmen und zwischen 1076 und 1081 Markgraf der Lausitz und der Mark Meißen war, ab 1086 als Vratislav I. vom Kaiser personengebunden zum König von Böhmen erhoben[7]. Auch der Gau Nisan, dessen nordwestliche Grenze zur Mark Meißen im Bereich Ober- und Niederwartha etwa im Verlauf des Tales der Wilden Sau zu sehen ist[8], war im 11. Jahrhundert  zeitweilig bereits an Herzog Vratislav II. gefallen. Im Jahre 1084 gelangte der Gau Nisan zwar von Böhmen an Wiprecht von Groitzsch als Heiratsgut für Vratislavs Tochter Judith, war aber wohl infolge der engen persönlichen Beziehungen zwischen Vratislav und Wiprecht weiterhin eng mit Böhmen verbunden[9].

- **König Vratislav I. baut 1087 die Burg Gvozdec wieder auf**

So ist es zu erklären, dass, wie der tschechische Historiker COSMAS von Prag zum Jahre 1087 vermerkt, vom Böhmenkönig VRATISLAV I. eine *"Burg mit Namen Gvozdec nahe der Stadt Meißen wieder aufgebaut"* wurde[10]. Wohl nur dadurch konnte Vratislav im Folgejahr 1088, wie COSMAS weiter berichtete, ein Lager vor der Burg Gvozdec abhalten. Hierzu sind uns durch Cosmas interessante Details überliefert, deren historische Wahrheit allerdings nicht in allen Punkten als gesichert gilt: Im Jahre 1088 sei ein böhmischer Ritter namens BENEDA aus Polen ins königliche Lager vor der Burg Gvozdec zurückgekehrt. König Vratislav hätte Beneda, der sich zunächst beim Meißner Bischof BENNO aufhielt, um den richtigen Zeitpunkt für eine Aussöhnung mit dem von ihm ehemals beleidigten König abzuwarten, unter dem Versprechen sicheren Geleites in sein Lager kommen lassen. Dort aber habe der König ihm sein prächtiges Schwert entlockt und ihn dann fesseln lassen wollen. Dabei habe Beneda aber dem König das Schwert entrissen und ihn damit verwundet. Von königlichen Dienstleuten wurde er jedoch niedergestochen und *"an seinem Leichnam geschändet"*[11]. Ob Wahrheit oder Legende, der Bericht des Cosmas wirft zumindest ein Schlaglicht auf die Rolle der Burg Gvozdec im Interessenkonflikt zwischen Böhmen und der Mark bzw. dem Bistum Meißen in der zweiten Hälfte des 11. Jahrhunderts.

---

[6] http://de.wikipedia.org/wiki/Vratislav_II.

[7] http://www.forgottenbooks.com/readbook_text/Geschichte_Böhmens_und_ Mährens_bis_zum_Aussterben_der_Premysliden_1306_1100014833/193, S.182 (193).

[8] Spehr, Reinhard/Boswank, Herbert: Dresden, Stadtgründung im Dunkel der Geschichte. Verlag D.J.M., 2000, ISBN 3 9803091-1-8, S. 173: "Der Burgward Gvozdek= Woz hat sein Zentrum im Burgberg Niederwartha; er reicht bis zur Wilden Sau und nimmt damit die Nordwestbegrenzung des Gaues Nisan ein".

[9] http://www.dresden-und-sachsen.de/dresden/geschichte01_fruehzeit.htm, gelesen 20.04.2015.

[10] Cosmas von Prag, chronica Boemorum, 2. Buch, Kap. 39, S.141/Zeilen 11-12: "castrum nomine Gvozdec prope urbem Misen reedificat".

[11] http://www.forgottenbooks.com/readbook_text/Geschichte_Böhmens_und_ Mährens_bis_zum_Aussterben_der_Premysliden_1306_1100014833/193, S.182 (193).

## 3. Wo lagen die 1087 wieder aufgebaute und die 1088 verlegte Burg Gvozdec?

Näheres über die Lage der „Burg Gvozdec" von 1087 hat COSMAS nicht mitgeteilt. Im 19. Jahrhundert wurde die Burg auf dem Gohlberg bei Constappel vermutet[12]. Eine Begehung des dortigen Geländes durch den Verfasser am 30.06.2015 zeigte allerdings keinerlei sichtbare Reste von Gräben, Wällen o.ä., weshalb eine fortifikalische Einrichtung auf dem Geländesporn des Gohlberges unwahrscheinlich ist[13]. Derzeit wird der Burgberg Niederwartha schlechthin mit der „Burg Gvozdec" identifiziert. Bei einer differenzierteren Betrachtung der Verhältnisse um 1087-88 ergibt sich jedoch ein etwas anderes Bild. Allerdings ist es zweckmäßig, hierzu die Beschreibungen von 1088 an zeitlich rückwärts zu untersuchen. Für dieses Jahr ist durch COSMAS bezeugt, dass König VRATISLAV I. die „Burg Gvozdec" an einen anderen, sicher(er)en Ort verlegte[14]. Hieraus ist logischerweise zu schließen, dass die vorherige „Burg Gvozdec" unsicherer war als die verlegte. Gemeinhin wird heute unter dem "anderen, sicher(er)en Ort" der derzeitige "Böhmerwall" verstanden. Wie unten gezeigt wird, stammt diese Befestigungsanlage aber mit großer Wahrscheinlichkeit erst aus dem späten 12. Jahrhundert. Der aus fortifikalischer Sicht sicherste Platz für eine königliche Burg des 11. Jahrhunderts im Gebiet Nieder- und Oberwartha ist deshalb ohne Zweifel der Burgberg Niederwartha gewesen. Folglich kann König Vratislav I. die Burg Gvozdec nur dorthin verlegt haben. Als sicher kann gelten, dass das dort vermutete slawische Siedlungszentrum des 9. Jahrhunderts[15] zu dieser Zeit bereits seine ursprüngliche Bedeutung verloren hatte und als solches nicht mehr genutzt wurde. Demnach wurde der Burgberg Niederwartha erst im Jahre 1088 zu einem frühdeutsch/böhmischen Burgwardsmittelpunkt im Gau Nisan ausgebaut, den ich mit „Burg Neu-Gvozdec" bezeichnen möchte.

Wo aber befand sich die Burg Gvozdec vor 1088? Nach R. SPEHR ist vermutlich *Woz* als frühester Name der Burg Gvozdec am Ende des 9. Jahrhunderts überliefert: *"Woz am Grenzwald zu Daleminzien und zu Meißen bewachte die Nordgrenze des Gaues (das spätere Nisan), einen wichtigen Flußübergang (Niederwartha) und den Schiffsweg auf der Elbe"*[16]. Tatsächlich weist das Wort *Woz* linguistisch auf einen Zusammenhang zumindest eines der Wartaer Burgberge mit einem Verkehrsweg hin, denn es geht möglicherweise auf poln. *wóz* für Fuhrwerk bzw. poln. *wozić* für fahren oder befördern zurück. Vor dem 9. Jahrhundert könnte *Woz* sogar lediglich ein Rastplatz hauptsächlich für slawische (polnische?) Handelsreisende im sog. Wildland gewesen sein ohne oder mit nur unbedeutenden Fortifikationen wie einfachen Wall-Graben-Anlagen. Ein solcher Rastplatz war oft nötig besonders nach bzw. vor steilen und lange ansteigenden bzw. abfallenden Wegstrecken wie hier von der Elbe zum flachwelligeren Gelände von Oberwartha und in umgekehrter Richtung. Dieser musste jedoch folgende Eigenschaften aufweisen: Hochwasserfreies, relativ flaches und gut überschaubares Gelände ausreichender Größe für Karren und/oder Wagen, gute Weidemöglichkeit für Zug- bzw. Saum- und Reittiere, Quellen oder Quellmulden für Mensch und Tier sowie Lage an einer Fernstraße[17]. Die Summe dieser Eigen-

---

[12] Hey, Gustav: Die slavischen Siedlungen im Königreich Sachsen mit Erklärung ihrer Namen, Dresden 1893, S. 241.

[13] Nicht völlig auszuschließen ist, dass das Gelände zwischenzeitlich landwirtschaftlich oder als Weinberg genutzt wurde und dabei fortifikalische Reste eingeebnet wurden.

[14] Cosmas von Prag, chronica Boemorum, 2. Buch, Kap. 40, S.144/Zeilen 13-14: "quo predictum castrum Gvozdec in alium firmiorem locum transferret".

[15] Text einer ehemaligen Infotafel am Burgberg Niederwartha, von R. SPEHR (um 1985).

[16] Spehr, Reinhard/Boswank, Herbert: Dresden, Stadtgründung im Dunkel der Geschichte. Verlag D.J.M., 2000, ISBN 3 9803091-1-8, S. 169.

[17] Hofmann, Bernd: Altstraßen von Dresden ins böhmische Becken - Über Untersuchungen zu Altstraßen von Dresden nach dem böhmischen Becken bei Teplice zwischen Roter Weißeritz und Müglitz, in: Sächs. Heimatblätter, 54. Jg./2008, H. 1, S. 27-29. Verlag Klaus Gumnior, Chemnitz.

schaften besitzt im Gebiet Nieder- und Oberwartha nur ein Areal in der Ortslage Oberwartha, das heute manchmal als "Obere Warte" bezeichnet wird.

## 4. Gab es eine Burg in Oberwartha?

Die Frage nach der Lage eines Burgberges in Oberwartha, der "Oberen Warte", ist nicht einfach zu beantworten. In der Ausgabe des Freiberger Meilenblattes taucht ein östlich der Ortslage gelegenes Areal als „Obere Warte" auf. Dieses Gebiet zeigt künstliche Eingriffe in Form eines Grabens und möglicherweise einer Planierung, die auf Reste einer Befestigung hindeuten. Nicht weit entfernt am westlichen Rand der Ortslage (Fritz-Arndt-Platz) liegen die stark verschliffenen bzw. abgetragenen Reste eines Walles unbekannter Zeitstellung[18]. Deshalb kann mit einiger Wahrscheinlichkeit davon ausgegangen werden, dass das ziemlich große, einstmals offenbar befestigte Areal mit Erdwall oberhalb vom sog. Katzensprung und der Talstraße mit Erdwallresten am Fritz-Arndt-Platz die Reste einer Oberwarthaer Befestigungsanlage, der "Oberen Warte" sind. Der "Rastplatz im Wildland" scheint also später zu einem frühen Burgwartsmittelpunkt ausgebaut worden zu sein, der im 11. Jahrhundert je nach Quelle entweder als *"(burgwardo) Wosice"* [19] oder als *"Burg Gvozdec"* bezeichnet wurde. Nicht auszuschließen ist, dass diese Burg eine Zollstätte oder Niederlage war, und das Gelände der Anlage weiterhin auch als Rastplatz z.B. für Handelsreisende gedient hat. Auf Grund der erwähnten kriegerischen Auseinandersetzungen in der 2. Hälfte des 11. Jahrhunderts auch in unserem Raum war die "Obere Warte" möglicherweise in Mitleidenschaft gezogen worden. Sonst hätte König Vratislav I. die "Burg Gvozdec", die also mit an Sicherheit grenzender Wahrscheinlichkeit mit der "Oberen Warte" identisch ist, im Jahre 1087 nicht wieder aufbauen müssen (s.o.). Allerdings scheint die "Obere Warte" auf Grund ihrer offenen Lage den Sicherheitsanforderungen der Zeit nicht mehr genügt zu haben. Dieser Umstand dürfte bereits 1088 zu der oben beschriebenen Verlegung der "Burg Gvozdec" auf den Niederwarthaer Burgberg geführt haben.

Hypothetisch kann also festgestellt werden, dass es zeitlich nacheinander folgende zwei Örtlichkeiten für die "Burg Gvozdec" gegeben hat: Bis 1088 die "Obere Warte" in Oberwartha und danach den Niederwarthaer Burgberg. Diese Anlagen könnte man als "Alt-Gvozdec" bzw. "Neu-Gvozdec" bezeichnen.

Durch den Meißner Bischof Benno (um 1010-1106, Bischof seit 1066), der im heutigen Gemeindegebiet Oberwartha Eigenbesitz (allod) hatte und hier besonders Weinbau betrieb, vermutlich im Bereich des späteren Klostergutes und der sog. Liebenecke, dürfte der fortifikalische Charakter des Areals der "Oberen Warte" allerdings schon früh weitgehend überbaut worden sein, natürlich auch durch spätere Nutzer des Geländes (Kloster, Rittergut).

## 5. Die feindlichen Heerlager der Herzöge Vladislav und Lothar im Jahre 1123

Wie COSMAS berichtet, zog 1123 *"ein böhmisch-mährisches Heer unter Herzog Vladislav[20] über das Erzgebirge ... und lagerte jenseits der Burg Gvozdec dem Herzoge Lothar gegenüber"* [21]. Die Identifizierung der beiden Heerlager ist nicht einfach. R. SPEHR vermutet als Lagerstelle Vladislavs den heutigen sog. Böhmerwall, da dieser nach wehrtechnischen Merkmalen und keramischen Befunden in die Zeit um 1100 zu datieren sei. Auch seien Burgen mit fortifikalischen Merkmalen wie der Böhmerwall nicht vor dem 12. Jahr-

---


[18] http://www.oberwartha.de/ort/ow-damals.html, gelesen 18.05.2015.

[19] Spehr, Reinhard/Boswank, Herbert: Dresden, Stadtgründung im Dunkel der Geschichte. Verlag D.J.M., 2000, ISBN 3 9803091-1-8, S. 174

[20] Sohn von König Vratislav I.

[21] Cosmas von Prag, chronica Boemorum, 3. Buch, Kap. 53, S. 225-226: "... tam Boemie quam Moravie coadunato exercitu transeuntes silvam metati sunt castra ultra oppidum Guozdec ex adverso predicti ducis".

hundert gebaut worden[22]. Auf Grund des Textes des COSMAS ist es aber auch möglich, dass keines der beiden Heere in der Burg Gvozdec lag, die zu dieser Zeit auf dem Burgberg Niederwartha zu suchen ist (Neu-Gvozdec). Dies ist auch aus "militärischer" Sicht wahrscheinlich: Nimmt man mit einiger Berechtigung an, dass das böhmisch-mährische Heer des Herzogs Vladislav eine nicht unbeträchtliche Mannschafts-, Troß- und Ausrüstungsstärke besessen hat und die Truppe des Lothar eine ähnliche Stärke besaß, ist schon auf Grund ihrer relativ geringen Größe weder der Burgberg Niederwartha und noch weniger das Gelände des Böhmerwalls geeignet gewesen, diese Truppen jeweils aufzunehmen. Denkbar ist dagegen, dass Vladislav den Oberwarthaer Burgberg (Alt-Gvozdec) nutzte, der ja erst 36 Jahre vorher von seinem Vater König Vratislav I. wiederhergestellt worden und deshalb wohl noch leidlich erhalten war. Herzog Lothar dagegen könnte auf der gegenüberliegenden Seite (*ex adverso!*) des Tännichtgrundes im Gebiet von Weistropp gelegen haben, das offenbar zum Zubehör der Burg Gvozdec gehörte und schon im Jahre 1045 und noch 1413[23] einen befestigten Hof (Sattelhof oder -gut) besaß. R. SPEHR deutet an, dass sich der heutige Dorfname Weistropp aus einem mittelalterlichen Wort Woz-Dorf [24] entwickelt haben könnte[25], woraus ein Zusammenhang zwischen diesem Dorf und der Burg (Alt-)Gvozdec, die ursprünglich auch den Namen Woz führte, abgeleitet werden kann[26].

Aus der Zeit nach 1123 sind Erwähnungen der Burg Gvozdec in keiner Schreibweise mehr bekannt geworden. Anzunehmen ist, dass diese Burg im Zuge der Stabilisierung der Territorialgewalten im römisch-deutschen Reich, in unserem Raum also von Mark und Bistum Meißen, und der Zurückdrängung der böhmischen Ansprüche in diesem Gebiet an Bedeutung verloren hat und noch im Laufe des 12. Jahrhunderts aufgelassen wurde.

## 6. Zur Bedeutung des Burgnamens Gvozdec

Der Burgname Gvozdec und seine Variationen wie Gwozdek, Gvozdek oder Guodeci gehen auf Nennungen von tschechischer Seite, genauer gesagt durch den Historiker COSMAS von Prag zurück (s.o.). Sie zeigen eine gewisse Verwandtschaft zu poln. *gwizdek* für den Beruf des Pfeiffers. Der Pfeiffer, der im Mittelalter in der Regel mehrere Musikinstrumente beherrschte, war möglicherweise auf Burgen zuständig für die musikalische Unterhaltung oder/und zur Übermittlung akustischer Signale zu anderen Burgen oder Warten. Familiennamen wie Gwosdek oder Gwisdek sind noch heute in Deutschland, in den USA und anderen Ländern anzutreffen. Auch eine Ableitung entweder von tschech. *hvozd* für Bergwald (vgl. *Hvozd* für den Berg Hochwald im Zittauer Gebirge)[27] oder vom archaischen polnischen Wort *gwozd* für Wald ist denkbar[28]. In der Neuzeit findet sich auf dem Meilenblatt von 1785 für Neu-Gvozdec der Name "*die Niedere Wartha*" [29]. Heute hat sich wohl der Name "Burgberg Niederwartha" durchgesetzt.

---

[22] Spehr, Reinhard/Boswank, Herbert: Dresden, Stadtgründung im Dunkel der Geschichte. Verlag D.J.M., 2000, ISBN 3 9803091-1-8, S. 175, Anm.43

[23] HONB II, 571.

[24] Das Lexem "tropp" bedeutet Dorf, vgl. "Bottrop": mittelalterlich "Borthorpe" für „Dorf am Hügel".

[25] Spehr, Reinhard/Boswank, Herbert: Dresden, Stadtgründung im Dunkel der Geschichte, Verlag D.J.M., 2000, ISBN 3 9803091-1-8, S. 173-4.

[26] Diese Ableitung bereitet auch aus linguistischer Sicht keine Schwierigkeiten, vgl. Hofmann, Bernd: Zur Konsistenz von Konsonantenfolgen slawisch-deutscher Lexeme und deren Bedeutung für die historische Semantik, in: Historische Sprachforschung 124, S. 284-291, ISSN 0935-3518, Vandenhoeck & Ruprecht GmbH & Co. KG, Göttingen 2011 [2012].

[27] http://de.wikipedia.org/wiki/Niederwartha, gelesen 18.05.2015.

[28] http://translate.google.de/translate?hl=de&sl=en&u=http://surnames.behindthename.com/name/gwozdek& prev=search; gelesen 18.05.2015.

[29] Meilenblätter von Sachsen, Freiberger Exemplar, 1:12 000, Grundaufnahme 1785, Nachträge bis 1876, Blatt 226.

## 7. Furt und Fähre in Niederwartha

Da es sehr wahrscheinlich ist, dass die Namen der Warthaer Burgen polnischen Ursprungs sind (s.o.), ist anzunehmen, dass vor allem polnische (Handels-)Reisende wohl aus nordöstlicher Richtung diese Burgen passiert haben. Dazu mussten sie in Niederwartha über die Elbe setzen. Deshalb ist seit alten Zeiten dort eine Furt und/oder Fähre anzunehmen. Tatsächlich gehört die Niederwarthaer Fähre zu den ältesten verbürgten Elbübergängen der Region und wurde bereits 1397 erstmals genannt[30]. In der Neuzeit erhielt sie die Fährkonzession "*vom Staate*", muss aber auch zum "*Domkapitel Meißen in einem gewissen Abhängigkeitsverhältnis gestanden haben, denn bis in die neueste Zeit sind Zinsleistungen an diese... Behörde nachweisbar*". Sie "*kreuzte die Furt*", die vermutlich durch die gewaltigen Ausspülungen des Tännichtgrundes über geologische Zeiträume entstanden war und sicher bereits vor Einrichtung der Fähre benutzt wurde. Die Furt selbst wurde 1875 beseitigt, als die erste Niederwarthaer Eisenbahn- und Straßenbrücke erbaut wurde.[31]

## 8. Die Brüder Heinrich und Tymo von Wartha im Zeitraum 1205-1228, ihre mögliche Herkunft und Beziehung zu den Burganlagen "Böhmerwall" und "Heiliger Hain"

Zwischen 1205 und 1228 tauchen in Urkunden des Meißner Raumes die Brüder Heinrich und Tymo von Wartha viermal auf: Im Jahre 1205 erscheint ein *Heinrico de Warta* als Zeuge (testis) bei der Gründung eines Convents der Augustiner-Chorherren und anderer kirchlicher Einrichtungen zu St. Afra in Meißen unter dem Schutz des Meißner Markgrafen Dietrich (des Bedrängten, 1162-1221). Drei Jahre später, im Jahre 1208, tritt ein *Henricus de Warta* in der gleichen Funktion in Erscheinung bei der Überlassung von Lehngütern der Markgrafschaft in der Nähe von Meißen an kirchliche Stiftungen durch den Markgrafen, der dazu vom römisch-deutschen König Philipp von Schwaben (1177-1208) ermächtigt worden war. Schließlich entscheiden im Jahre 1228 drei markmeißnische, vom Papst bestimmte Richter im Beisein von ca. 20 Zeugen über einen Streit zwischen dem Kloster zum Heiligen Kreuz und den Brüdern *Heinricus et* (und) *Tymo de Warta* wegen eines Grundstückes in *villa Dvbrawitz*, dem heute nach Meißen eingemeindeten Dorfe Dobritz[32]. Möglicherweise sind es auch diese beiden Brüder, die in der Gerichtsurkunde von 1206, in der Dresden erstmalig als "Dresdene" erwähnt wurde, als Sachverständige *"Timo, Henric Hildan"* unmittelbar nacheinander genannt werden[33]. Der Zusatz *"Hildan"* könnte die frühe Form eines Familiennamens[34] sein, der auf eine Herkunft aus der Stadt Hilden im heutigen Bundesland Nordrhein-Westfalen hindeutet. So nennt sich z.B. ein Chirurg aus Hilden, ein gewisser Wilhelm Fabry (1560-1634) in latinisierter Schreibweise "*Fabricius Hildanus*"[35].

Hieraus lassen sich hypothetisch folgende Schlussfolgerungen ziehen:

– Das Gebiet des heutigen Nieder- und/oder Oberwartha und möglicherweise der ganze nordwestliche Teil des Gaues Nisan gehörte mindestens seit Beginn des 13. Jh. nicht mehr wie seit dem 11. Jh. zum königlichen Tafelgut Gau Nisan, sondern war bereits de facto in der Mark oder dem Bistum Meißen aufgegangen[36].

---

[30] http://www.dresdner-stadtteile.de/West/Niederwartha/niederwartha.html, gelesen 30.03.2015.

[31] Mörtzsch, Otto: Elb-Furten und -Fähren in Sachsen, in: Über Berg und Tal, Jgg. 34 (1911), S.1-4, 13-16, 25-30; Mörtzsch, Otto: Eine Elbfahrt, in: Über Berg und Tal, Jgg. 29 (1906), S.74-75.

[32] CDS II 4, No. 147, 151, 398.

[33] CDS II,1 (Hochstift Meißen) Nr. 74 vom 31.03.1206, S.71.

[34] Duden: Familiennamen-Herkunft und Bedeutung, bearbeitet von R. und V. Kohlheim. Dudenverlag, Mannheim 2000. ISBN 3-411-70851-4; auch der Dresdner Archivar Dr. M. Kobuch hält das für möglich (Telefongespräch 9.7.2015.

[35] http://www.deutsche-biographie.de/sfz14088.html, gelesen 08.07.2015

[36] Zwischen 1198 und 1221 übte der Markgraf von Meißen die sog. Reichspfandschaft über den Gau Nisan aus, herrschte also de jure in dieser Zeit über diese Reichsprovinz; vgl. Spehr, Reinhard/Boswank, Herbert: Dresden, Stadtgründung im Dunkel der Geschichte. Verlag D.J.M., 2000, ISBN 3 9803091-1-8, S.184.

– Mit einiger Wahrscheinlichkeit handelt es sich bei den in den Urkunden zwischen 1205 und 1228 genannten Heinrico, Henricus, Henric und Heinricus de Warta bzw. Hildan um ein und dieselbe Person.

– Heinricus de Warta und sein Bruder Tymo de Warta hatten in der Mark und/oder dem Bistum Meißen einen gewissen "gesellschaftlichen" Status, wobei Heinricus vermutlich die ältere und bedeutendere Persönlichkeit war. Bei der Suche nach ihrer Herkunft ist auch für die Wende vom 12. zum 13. Jahrhundert ein Aspekt in Betracht zu ziehen, der bekanntlich nach der politische "Wende" 1989/90 wieder eine wichtige Rolle gespielt hat: Timo und Heinrich Hildan könnten nämlich im Zuge der Deutschen Ostsiedlung *"einem allgemeinen Zug der Zeit"* gefolgt sein, indem sie sich *"in die östlichen Marken begaben,wo mancher ihrer Standesgenossen seßhaft geworden ist"* [37]. Man kann daher annehmen, dass sie aus Hilden im Rheinland stammten und später Ministeriale der Mark oder des Bistums Meißen wurden. Da die Ortschaft Hilden und das umgebende Gebiet über Jahrhunderte zum Einflussbereich des Kölner Erzbistums gehörte[38], wurden sie möglicherweise von diesem zum bischöflichen Hochstift Meißen "delegiert".

– Die Brüder Heinricus und Tymo (Timo) de Warta erhielten jeweils eigene kleine Herrensitze im Gebiet des Hochstiftes Meißen zu Lehen, wobei es sich nur um das Gebiet des heutigen Nieder- und/oder Oberwartha handeln konnte[39]. Nun sind im Gebiet Nieder- und Oberwartha außer den Burgen Alt- und Neu-Gvozdec (s.o.) zwei weitere Burganlagen bekannt, nämlich der "Heilige Hain" und der "Böhmerwall"[40] (Abb. 1). Diese erweisen sich bei genauer Betrachtung im Unterschied zu früheren Bewertungen beide als Befestigungsanlagen des Typs *"Turmhügel in Spornlage"*[41]. Die beiden Geländesporne liegen nahezu seitenverkehrt west-nordwestlich bzw. ost-südöstlich der heutigen Ortsverbindungsstraße zwischen Nieder- und Oberwartha. Diese verläuft etwa auf der Wasserscheide zwischen Elbtal und Tännichtgrund. Auf dieser Trasse verlief mit an Sicherheit grenzender Wahrscheinlichkeit auch eine mittelalterliche oder gar prähistorische Fernstraße vom Elbübergang Niederwartha nach Süden (Abb. 1) über den Tharandter Wald (Grillenburg) und Frauenstein nach Böhmen. Dieser Verkehrsweg und die Grenze zwischen den frühdeutschen Burgwarden Misni und Nisan, die wohl ursprünglich durch das Tal der Wilden Sau markiert war, sind die wahrscheinlichsten Gründe für die Häufung der Burgen im Bereich Nieder- und Oberwartha.

Bei Befestigungsanlagen des Typs "Turmhügel in Spornlage" wurde der Zugang zum zu schützenden Geländesporn durch künstliche Hügel gesichert, die vermutlich eine kleine, meist hölzerne Burganlage trug. Sowohl beim "Heiligen Hain" als auch beim "Böhmerwall" ist der künstliche Hügel noch heute teilweise erhaltenen[42]. Beim "Böhmerwall" sind außerdem zwei Abschnittswälle mit Gräben vor dem Turmhügel zu erkennen (Abb. 3). Die Turmhügel befinden sich ungefähr an der schmalsten Stelle der Geländesporne. Diese werden von jeweils zwei Quellbächen gebildet, die unterhalb des Geländesporns zusammenfließen. Die Flanken des Geländesporns sind relativ steil, aber nicht felsig, sondern überwiegend humös. Das für die Burganlagen genutzte, mehr oder weniger künstlich planierte, jeweils leicht abfallende Terrain der Geländesporne war im Mittelalter in der

---

[37] Schieckel H.: Die ersten Gäste Dresdens vor 750 Jahren. Dresden 1956. In: Heimatkundliche Blätter für die Bezirke Dresden, Karl-Marx-Stadt, Leipzig. Hrsg.: Dt. Kulturbund, Bezirkskommissionen. Dresden 1956, H. 12/13, S. 39. ISSN 0138-1784.
[38] https://de.wikipedia.org/wiki/Hilden#Erholung_und_Sport, gelesen 08.07.2015.
[39] Die Ortsnamen Nieder- und Oberwartha sind jüngeren Ursprungs.
[40] Die Namen Heiliger Hain und Böhmerwall sind neuzeitlichen Ursprungs, auf dem Meilenblatt von 1785 führt nur der Böhmerwall einen Namen, und zwar "Burg Berg".
[41] Billig, Gerhard: Die Burgwardorganisation im obersächsisch-meißnischen Raum, VEB Verlag der Wissenschaften, Berlin 1989, ISBN 3-326-00489-3, Anm. 161.
[42] Beim "Heiligen Hain" befindet sich heute auf dem Turmhügel eine sog. Datsche.

Regel mit Palisadenzäunen gesichert. Das genutzte Terrain hat jeweils eine Größe von weniger als einem Hektar, wobei das Terrain des "Böhmerwalls" etwas größer zu sein scheint. Die Flächen dienten wohl als Wirtschaftshof und -garten sowie als Weide für die unmittelbar benötigten Haus- und Reittiere. Im Krisenfall konnten sie kleinen Militäreinheiten, Geleitsmannschaften oder Reisenden Unterkunft und Zuflucht gewähren[43].

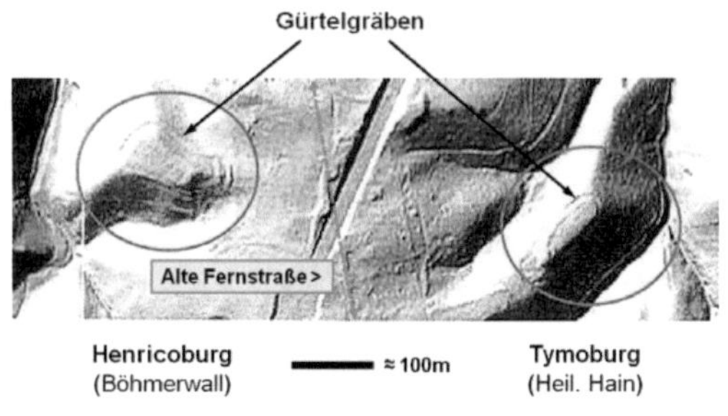


Abb. 3:
Lageplan der Henricoburg (Böhmerwall) und der Tymoburg (Heiliger Hain) beiderseits der Fernstraße des Mittelalters mit ihren Gürtelgräben in Reliefdarstellung
(Kartenbasis: © Landesamt für Archäologie Sachsen, Kartenzeichnung: B. Hofmann, 2015)

Es ist also festzustellen, dass sich "Heiliger Hain" und "Böhmerwall" in ihrer fortifikalischen Konstruktion sehr stark ähneln. Deshalb ist anzunehmen, dass sie etwa zu gleicher Zeit vom gleichen Burgenbauer errichtet wurden. Hierauf weist auch eine relativ seltene Besonderheit hin, die von den Befestigungsanlagen im Gebiet Ober- und Niederwartha nur der "Heilige Hain" und der "Böhmerwall" besitzen: Sie sind fast vollständig von Gräben umschlossen, die einige Meter tiefer verlaufen als die Nutzflächen der Geländesporne. Sie sind auch heute nach Jahrhunderten noch deutlich zu erkennen (Abb. 3). Derartige Gräben sind im hiesigen Raum ein eher seltenes Fortifikationsmerkmal. Sie sind eine Sonderform der sog. Ringgräben, die die Befestigungsanlage in der Regel unmittelbar unter der Burgmauer meist vollständig umschließen, und werden oft als *Gürtelgräben* bezeichnet. Mittelalterliche Burgen mit Ring- oder Gürtelgräben sind, abgesehen von Wasserburgen mit Ringgräben, generell nicht sehr häufig zu finden. Hierzu heißt es bei O. PIPER: *"Der Ringgraben ... kommt bei Höhenburgen nur ausnahmsweise vor, und zwar hier naturgemäß fast nur da, wo das neben der Burg minder steil abfallende Gelände eine solche Anlage nicht nur möglich, sondern zur Erschwerung des Zuganges auch wünschenswert machte"*[44]. Als Beispiel sei die Burg Schomberg (auch Schönberg oder Schandauer Schloßberg genannt) in der Sächsischen Schweiz angeführt. Sie verfügte über einen fast vollständig um das eigentliche Burgplateau umlaufenden Ringgraben[45]. Dieser unterscheidet sich allerdings in seiner fortifikalischen Anlage stark von den Gürtelgräben von Niederwartha, da er vermutlich keine selbständige Konstruktion darstellte, sondern als Zwischenraum zwischen einem "oberen" und einem "unteren" Wall gewissermaßen zwangsläufig entstand. Ein weiteres Beispiel stellt die Burgruine Wiedersberg aus dem 12. Jh. unmittelbar an der sächsisch-bayerischen Landesgrenze dar. Dort wurden *"zwei Abschnittsgräben aus dem Fels geschlagen und ein Gürtelgraben um den gesamten Sporn gelegt"*. Als ehemalige Geleitsburg sollte sie den Mannschaften des Geleitswechsels Un-

---

[43] Vgl. Ausführungen zur Burgruine Wiedersberg weiter unten.
[44] Piper, Otto: Burgenkunde, Verlag Anaconda, Köln, Nachdruck 2011 der 3. Auflage 1912, S. 289.
[45] Meiche, Alfred: Die Burgen und vorgeschichtlichen Wohnstätten der Sächsischen Schweiz. Jahrbuch IV des Gebirgsvereins für die Sächsische Schweiz. Verlagshandlung W. Baensch, Dresden 1907, S. 277-282.

terkunft und Reisenden im Gefahrenfalle eine sichere Zuflucht gewähren[46]. Als letztes Beispiel einer Burg mit Gürtelgraben sei der frühere Burgwartsberg von Pesterwitz oberhalb von Freital nahe dem Weißeritztal angeführt, der dem "Heiligen Hain" und dem "Böhmerwall" am nächsten liegt, aber eine deutlich andere Konstruktion aufweist. Nach R. SPEHR erscheinen solche *"kleine Anlagen auf schmalem Felssporn mit ... umlaufendem Gürtelgraben niemals vor dem 12. Jahrhundert"*, was auch durch Keramikfunde gestützt wird [47]. Auf Grund der Ähnlichkeit zwischen den Burganlagen von Pesterwitz, dem "Heiligen Hain" und dem "Böhmerwall" in Bezug auf die relativ seltenen Gürtelgräben können die letztgenannten Burgen ebenfalls dem (späten?) 12. Jahrhundert zugerechnet werden.


## 9. Resümee:
### Vorschläge zur neuen Zuordnung der Nieder- und Oberwarthaer Burgen

Wie oben dargelegt, geht aus Urkunden des 11. und frühen 13. Jh. hervor, dass einige mehr oder weniger bedeutende Personen der damaligen Zeitgeschichte in Beziehung zu Wartha[48] gestanden haben. Im Zeitraum 1087-1088 war dies der böhmische König VRATISLAV I., im Jahre 1123 waren es die Herzöge VLADISLAV und LOTHAR und über 100 Jahre später im Zeitraum 1205-1228 die Brüder HENRICUS und TYMO DE WARTA. Hypothetisch kann angenommen werden, dass die Brüder Henricus und Tymo de Warta beide jeweils ihre eigenen Herrensitze in Wartha hatten, beide etwa gleichzeitig lebten und Henricus de Warta der ältere und gesellschaftlich bedeutendere der Brüder war. Bereits G. BILLIG vermutete, dass Henricus de Warta *"mit hoher Wahrscheinlichkeit"* das Gelände einer *"Turmhügelburg in Spornlage"* mit dem heutigen romantisierenden Namen *"Heiliger Hain"* besessen haben könnte[49]. Wie oben gezeigt wurde, bestehen zwischen diesem und dem vermutlich nahezu zeitgleichen *"Böhmerwall"* frappierende fortifikalische Ähnlichkeiten. Da allerdings die befestigte Anlage beim "Böhmerwall" gegenüber dem "Heiligen Hain" größer zu sein scheint, gehörte die erstere wohl eher dem älteren und wohl bedeutenderen Bruder Heinricus de Warta und die letztere, kleinere dem Tymo de Warta.

Da die Namen "Böhmerwall" und "Heiliger Hain" ohnehin modernen Ursprungs sind, ist zu überlegen, ob in Übereinstimmung mit den mittelalterlichen Gegebenheiten der "Böhmerwall" künftig besser "Henricusburg"[50] und der "Heilige Hain" entsprechend "Tymoburg" genannt werden sollte (Abb. 4). Die Brüder hatten vermutlich die Aufgabe, die offenbar nach wie vor wichtige Fernstraße von Nordosten über die Elbfurt oder -fähre im heutigen Niederwartha hinauf nach Oberwartha und mit einiger Wahrscheinlichkeit weiter in südliche Richtung über Kesselsdorf, den Tharandter Wald (Grillenburg) und Frauenstein nach Böhmen zu kontrollieren[51] und den damals bereits umfangreichen Besitz Meißner Bischöfe und Würdenträger in Oberwartha zu sichern.

Natürlich bleibt abzuwarten, inwieweit die hier zur Diskussion gestellten Hypothesen und Vorschläge durch neue archivalische und/oder archäologische Entdeckungen bestätigt werden oder revidiert werden müssen.

---

[46] http://www.historisches-sachsen.net/wiedersberg.htm, gelesen 30.03.2015.

[47] Spehr, Reinhard/Boswank, Herbert: Dresden, Stadtgründung im Dunkel der Geschichte. Verlag D.J.M., 2000, ISBN 3 9803091-1-8, S. 175, Anm.43 (betrifft Pesterwitz).

[48] Unter Wartha wird hier wie im Hochmittelalter das heutige Nieder- und Oberwartha verstanden.

[49] Billig, Gerhard: Die Burgwardorganisation im obersächsisch-meißnischen Raum. VEB Verlag der Wissenschaften, Berlin 1989. ISBN 3-326-00489-3, S. 71, Anm. 161.

[50] Auch "Heinrichsburg" wäre denkbar, allerdings ist ein Konflikt mit der Seußlitzer "Heinrichsburg" zu befürchten, deren Name sich auf den seinerzeitigen Besitzer Reichsgraf Heinrich von Bünau (1697-1762) beziehen soll.

[51] Hofmann, Bernd: Altstraßen von Frauenstein ins böhmische Becken - Über Untersuchungen zu mittelalterlichen Verkehrsverbindungen zwischen Frauenstein und der Gegend um Hrob und Osek aus verkehrstopographischer Sicht. In: Sächs. Heimatblätter, 55. Jg. H.1/2009, S. 36-46. Verlag Klaus Gumnior, Chemnitz.

| Derzeitige Be-zeichnung der Wehranlage | Nutzung und wahrschein-licher Nutzungszeitraum | Merkmale | Vorschlag für neue Bezeich-nung |
|---|---|---|---|
| Obere Warte, Burgberg Oberwartha | Slawischer Rastplatz im Wildland, später Burgwardsmittelpunkt (Woz, Wosice), nach 1123 aufgelassen | Relativ weitläufiges Areal, schwer zu verteidigen, 1087 vom Böhmenkönig "wiederhergestellt" | **Alt-Gvozdec** |
| Burgberg Niederwartha, Niedere Warte | Im 9. Jh. slawisches Sied-lungszentrum, 1088 „Gvozdek" vom Böhmenkönig hierher verlegt > Burgberg Niederwartha: Königliche Burg, Vor 1200 aufgelassen | Stark befestigte Burganlage mit guten natürlichen Schutzvoraussetzungen, Anlage ähnelt "Heiden-schanze" in Dresden-Coschütz (aber kleiner) | **Neu-Gvozdec** |
| Böhmerwall | Jahrzehnte um 1200, Herrensitz Henricus de Warta, evtl. bis etwa 1450 | Turmhügelburg mit Gürtel-graben | **Henricusburg** |
| Heiliger Hain | Jahrzehnte um 1200, Herrensitz Tymo de Warta, evtl. bis etwa 1450 | Turmhügelburg mit Gürtel-graben | **Tymoburg** |
| Herrenkuppe (am Gnomenstieg auf Cossebauder Flur) | Evtl. Zubehör zur Tymoburg und/oder Henricusburg, Jahrzehnte um 1200, evtl. bis etwa 1450, heute "Bismarckturm" | Sehr kleine Signalwarte an Altstraße "Gnomenstieg" mit Ausblick bis etwa zum Dresdner Elbübergang | - |

Abb. 4:
Vorschlag für eine Neubezeichnung der mittelalterlichen Wehranlagen in Nieder- und Oberwartha